泉美智子・文　松島洋・圖　唐亞明・譯

經濟學是什麼？

⑤ 如果能收購整家公司

香港中文大學出版社

泉美智子·文 松島洋·圖 唐亞明·譯

收購企業

3 股票下跌使公司破產
（股票暴跌）

4 公司為誰存在？
（股份公司的意義）

1 一按鍵公司就到手了！
（網上收購公司）

5月4日上午9點，

喬克維奇面對連着三個大屏幕的電腦，按動了滑鼠。

就在這一瞬間，他的人生徹底改變了。

為什麼呢？

因為喬克維奇終於把阿古利比茲公司50%的股票弄到手了。他從去年夏天就盯上了這家公司經營的大農場。現在，他可以用手中的權力，按照自己的意向經營這家公司了。喬克維奇今後要怎麼幹呢？

阿古利比茲公司

喬克維奇能夠做以下的事情：

在股東大會上闡述對公司經營的意見。

不僅如此，還可挑選總經理和公司董事。

而且，即使公司董事會決定了某件事情，

他也可在股東大會上反對，並有權推翻這項決定。

因為他是持有公司股票一半以上的大股東。

阿古利比茲公司

アグリビズ

但是，如果在一年一度的股東大會上，

總是出現類似情況，

公司的經營就很難搞好。

所以，董事會決定由喬克維奇出任總經理。

喬克維奇高興地接受了這一任命。

喬克維奇擔任總經理後，精神百倍，

他從國外進口了最先進的農耕機械，

還先後購入了農場周圍的土地。

他對世界各國的人喜愛吃什麼水果進行了調查，

然後用電腦迅速計算出各類水果應該栽培的數量。

喬克維奇決定了的事情，
在公司立刻得以實行。
農場面積擴大了３倍。
但由於實現了機械化，
員工反而減少了四分之三。

擴大農場所需的資金，

一部分從銀行貸款。

喬克維奇又在電腦上輸入了如下內容：

「本公司發行新股票。」

很快就有100個人訂購了股票。

購買土地和農業設備共需200波蒂。

阿古利比茲公司的股價是4波蒂，

所以新發行了50股。

有100人競購股票，

股票上漲到每股6波蒂。

阿古利比茲公司得到了300波蒂。

喬克維奇考慮道：

「我把剩餘的100波蒂用作宣傳費吧。」

他決定，向市民開放農場。

農場設立入口處，開設了免費的散步路線，

以及收費的「任吃藍莓」路線。

農場裏還出售椰子味冰淇淋。

喬克維奇還想到，

向品嘗了藍莓和椰子味冰淇淋的客人進行問卷調查。

喬克維奇不僅有買賣股票的才能，

也有經營公司的才能。

2 刚到手的公司，转眼就成了别人的……（公司被再次收购）

喬克維奇的農場生意興隆。

公司用賺來的錢，又購買了當地5個農場的股票。

農場面積擴大為原來的10倍。

公司用高工資聘用了各個領域的專業人材，

讓他們負責管理銷售、會計、總務、策劃等業務。

為了支付高工資，公司在農場實行「機械化」。

澆水用灑水機，播種用播種機，

會計業務用電腦。

這樣，大大減少了員工人數。

當然，被公司辭退的員工極為不滿。

喬克維奇就發給這些人很多遣散費，

解決了勞資爭端。

在阿古利比茲公司的股東大會上，

公司的盈利結算報告，贏得了股東們的喝彩。

可是，沒想到第二天就出了大事。

一大清早，喬克維奇像往常那樣，

一邊喝着咖啡，一邊打開了電腦。

當他看到電腦屏幕時，臉色一下變得蒼白。

世界著名的投資家林格斯基，

突然在網上開始購買阿古利比茲公司的股票。

喬克維奇整整一天坐在電腦前，

拚命買回自己公司的股票，

可他鬥不過林格斯基。

林格斯基買進了阿古利比茲公司一半以上的股票，

該公司落入他的手中。

其實，林格斯基對經營農場毫無興趣，

他把買來的股票轉賣給了貓舌頭股份公司。

貓舌頭是世界最大的食品廠家。

因為股票漲價了，林格斯基又賺了一大筆。

農場名稱由阿古利比茲改為貓舌頭，

管理公司的高層，

一半由貓舌頭公司派遣。

農場不再像從前那樣
出口蔬菜和水果了，
而是建造工廠，
把農場培育的水果和蔬菜，
全部在工廠加工成食品再出口。
喬克維奇喜歡農業，
他對此非常不滿，說：
「我把農場培育的蔬菜和水果視作我的生命，
可我對食品加工廠一點兒也不感興趣。」
結果，他的總經理職務被撤銷。
他改任顧問，難以干預公司的經營方針了。

喬克維奇哀嘆道：

「林格斯基用同樣的方法重複了我兩年前幹的事。」

他的妻子貝蒂說：「你和林格斯基可不一樣。

　你是因為喜歡農業才買下阿古利比茲公司的股票，

　　當了總經理的。

　　而林格斯基對農業毫無興趣，

　　　　他購買股票後再高價轉賣，完全是為了賺錢。」

　　　看來，收購股份公司的目的，因人而異。

喬克維奇擔任顧問這一閒職後，

每天早晨上班前跑步半小時，每個周末乘船航海。

他還經常邀請妻子貝蒂一起去餐廳吃晚飯。

他在家欣賞學生時期喜愛的音樂，

恢復了已經忘卻的自我。

喬克維奇50歲時，

拋售了自己持有的所有股票，

到手了4,000波蒂的巨款。

貓舌頭公司的股票已經漲到了每股20波蒂。

儘管喬克維奇有了巨款，

但是他不打算購買任何公司的股票了。

他以前購買阿古利比茲公司的股票，

原本也是希望經營農場。

3 股票下跌使公司破產
（股票暴跌）

股票是一件不可思議的事物。

因為它的動向難以預測。

除非你運氣特別好，

否則你很難做到買賣股票而

百分之百賺錢。

股票市場一直關注着各種信息，

哪兒發生了恐怖事件，

哪兒流行病毒性感冒，

太空站是否建成？

超小型電腦的研製成果如何……

為此，股價一上一下，

對各種動向反應敏感，

彷彿小動物身上的肌肉在抽動。

股票難以駕馭。

昨天的億萬富翁，如果按鍵的時機錯了，

一夜之間就可能變成負債累累的窮人。

這一年夏天，瞬間最大風速每秒超過50米的大型颱風

5次登陸，使貓舌頭公司遭到了慘重損失。

這是誰都預料不到的事情。

幾乎所有樹木都被颱倒，

別談什麼水果收成了。

為此，貓舌頭公司的股票暴跌，

就像石頭從山坡上滾下來似的。

水果收成為零，銷售額也為零。

公司業績決定股價。

股票暴跌，導致公司破產。

把資金和公司營運託付給林格斯基的有錢人，

紛紛收回了資金。

由於壓力過重，林格斯基終於病倒住院了。

他躺在病床上，醒悟到：

網上交錯來往的金錢信息，

並不是真正的財產，而是一種虛幻啊！

喬克維奇在 1 年前就辭去了貓舌頭公司顧問的職務。

他把拋售股票得到的 4,000 波蒂，

存進了自家附近的微笑銀行。

「颱風襲擊是自然災害，貓舌頭公司的遭遇令人同情。

可我的運氣還不錯嘛。」

的確是這樣。喬克維奇辭去了顧問職務，

又拋售了貓舌頭公司的股票，

公司破產，他沒有受到任何損失。

貓舌頭公司的災難，是人力難及的大自然所造成的。

看來，經營公司也不是一件容易的事兒啊。

公司為誰存在？

（股份公司的意義）

股份公司為誰而存在呢？

貓舌頭公司的總經理認為：

「公司為股東而存在。」

在貓舌頭公司的鼎盛期，發生過這樣的事情：

某市長考慮：「在路邊多種樹，讓城市更美麗。」

為此，他前來拜訪貓舌頭公司總經理，懇請道：

「希望貴公司為種植樹木捐款。」

可是，總經理一口回絕了。

他說：「我不能答應你的要求。

我如果捐贈你100波蒂，公司的利潤就會減少100波蒂，

那麼分給股東的紅利就會減少。

公司是為股東而工作的！

我們不想給股東找麻煩。」

當然，這也是考慮問題的一種角度，

但是也有別的角度。

如果公司捐款植樹，那麼公司的聲譽就會提高。

這樣，貓舌頭公司的食品就會暢銷。

公司的利潤也會增加，

而且還會被人們感謝。

其實這樣做，對公司有利，對股東也有利。

37

5年過去了。現在，

喬克維奇正在用別的形式表現自己熱愛農業的心。

他從4,000波蒂的存款中拿出2,000波蒂，

創辦了國際農業學校。

來自全世界有志學習農業的年輕人，

參加了入學考試。

喬克維奇把農業定為自己人生的意義。

他告訴各國的年輕人，

農業是多麼有意義的工作。

他把傳授農業技術作為晚年的樂趣。

副校長貝蒂也幹勁十足。

而林格斯基的胃病一直沒好，

常常進出醫院。

他的單人病房在病房大樓的最頂層，

桌上堆滿了藥、電腦、手機、老花鏡和《經濟報》等。

リンゴスキー様

林格斯基先生

林格斯基從病床上坐起來，

一邊看着電腦屏幕，

一邊按着鍵盤，

一整天都在世界股票市場上買賣股票中渡過。

41

林格斯基的生意結果如何呢？

目前，他覺得沒什麼「結果」。

當他的手不能動了，從股票市場上退出來時，

才能知道他作為「投資家」的「結果」。

他已經忘掉了貓舌頭公司倒閉使他蒙受的創傷，

今天也孤獨地坐在電腦前。

醫生問他：「你不寂寞嗎？」

林格斯基回答說：

「即使朋友來看望我，我也讓他們趕快回去。

我的眼睛哪怕離開電腦一秒鐘，

也許就會賠大錢呀！」

文：泉美智子

「兒童環境‧經濟教育研究室」代表，理財規劃師、日本兒童文學作家協會會員，曾任公立鳥取環境大學經營學部準教授。她在日本全國舉辦面向父母和兒童、小學生、中學生的經濟教育講座，同時編寫公民教育課外讀物和紙芝居（即連環畫劇）。主要著作有《保險是什麼？》（近代セールス社，2001）、《調查一下金錢動向吧》（岩波書店，2003）、《電子貨幣是什麼？》（1–3）（汐文社，2008）、《圖說錢的秘密》（近代セールス社，2016）等。

圖：松島洋

居住在東京的插圖師，畢業於多摩美術大學繪畫系。為電影、電視、雜誌等繪製插圖，同時設計珠寶，製作人體模型。週末喜歡帶着飯盒去海裏或河邊釣魚。

譯：唐亞明

在北京出生和成長，畢業於早稻田大學文學系、東京大學研究生院。1983年應「日本繪本之父」松居直邀請，進入日本最權威的少兒出版社福音館書店，成為日本出版社的第一個外國人正式編輯，編輯了大量優秀的圖畫書，多次榮獲各種獎項。曾任「意大利波隆那國際兒童書展」評委、日本國際兒童圖書評議會（JBBY）理事、全日本華僑華人文學藝術聯合會會長，以及日本華人教授會理事。主要著作有《翡翠露》（獲第8屆開高健文學獎勵獎）、《哪吒和龍王》（獲第22屆講談社出版文化獎繪本獎）、《西遊記》（獲第48屆產經兒童出版文化獎）等。

《經濟學是什麼？⑤如果能收購整家公司》
　　泉美智子 著
　　松島洋 圖
　　唐亞明 譯

繁體中文版 © 香港中文大學 2019
『はじめまして！10歲からの経済学〈5〉もしも会社をまるごと買収できたら』© ゆまに書房

本書版權為香港中文大學所有。除獲香港中文大學書面允許外，不得在任何地區，以任何方式，任何文字翻印、仿製或轉載本書文字或圖表。

國際統一書號（ISBN）：978-988-237-138-5

出版：香港中文大學出版社
　　　香港 新界 沙田‧香港中文大學
　　　傳真：+852 2603 7355
　　　電郵：cup@cuhk.edu.hk
　　　網址：www.chineseupress.com

What is Economics?
⑤ What if We Acquire the Entire Enterprise

　By Michiko Izumi
　Illustrated by Hiroshi Matsushima
　Translated by Tang Yaming

Traditional Chinese Edition © The Chinese University
　of Hong Kong 2019
Original Edition © Yumani Shobo

All Rights Reserved.

ISBN: 978-988-237-138-5

Published by The Chinese University of Hong Kong Press
　The Chinese University of Hong Kong
　Sha Tin, N.T., Hong Kong
　Fax: +852 2603 7355
　Email: cup@cuhk.edu.hk
　Website: www.chineseupress.com

Printed in Hong Kong